연산이 쉬워지는 마법의 학습 놀이 ❸

CRISS-CROSS
덧셈과 뺄셈

가로세로 퍼즐로 즐기는
연산 트레이닝 83

블루무스어린이

Criss-Cross: Adding and Subtracting

Copyright © Arcturus Holdings Limited

www.arcturuspublishing.com

All rights reserved.

Korean translation copyright © 2021 Bluemoose Books

Korean translation rights are arranged with Arcturus Publishing Limited through AMO Agency.

이 책의 한국어판 저작권은 AMO에이전시를 통해 저작권자와 독점 계약한 블루무스에 있습니다.

저작권법에 의해 한국 내에서 보호를 받는 저작물이므로 무단 전재와 무단 복제를 금합니다.

연산이 쉬워지는 마법의 학습 놀이 ③

CRISS-CROSS: 덧셈과 뺄셈

초판 1쇄 인쇄일 2021년 6월 30일 초판 1쇄 발행일 2021년 7월 7일

지은이 애나벨 사베리 그림 가브리엘 타푸니 감수 최경희(달콤수학 꿀쌤)

펴낸이 金救芝 편집 문영은 디자인 박민수 홍보 김예진

펴낸곳 블루무스어린이 출판등록 제2018-00343호

전화 070-4062-1908 팩스 02-6280-1908

주소 서울시 마포구 월드컵북로 400 5층 21호

이메일 bluemoosebooks@naver.com 인스타그램 @bluemoose_books

ISBN 979-11-91426-16-8 64410

　　　979-11-91426-13-7 (set)

아이들의 푸른 꿈을 응원하는 블루무스어린이는 출판사 블루무스의 어린이 단행본 브랜드입니다.

CRISS-CROSS 덧셈과 뺄셈, 이렇게 해 보세요!

가로세로 퍼즐의 세계에 오신 여러분을 환영합니다.
알쏭달쏭 재미있는 퍼즐을 마음껏 즐겨 보세요!

연필만 있으면 준비 완료!
각 페이지에는 다음과 같은 수식으로 구성된
가로세로 퍼즐이 있어요.
수식의 빈칸에 알맞은 답을 써 보세요.

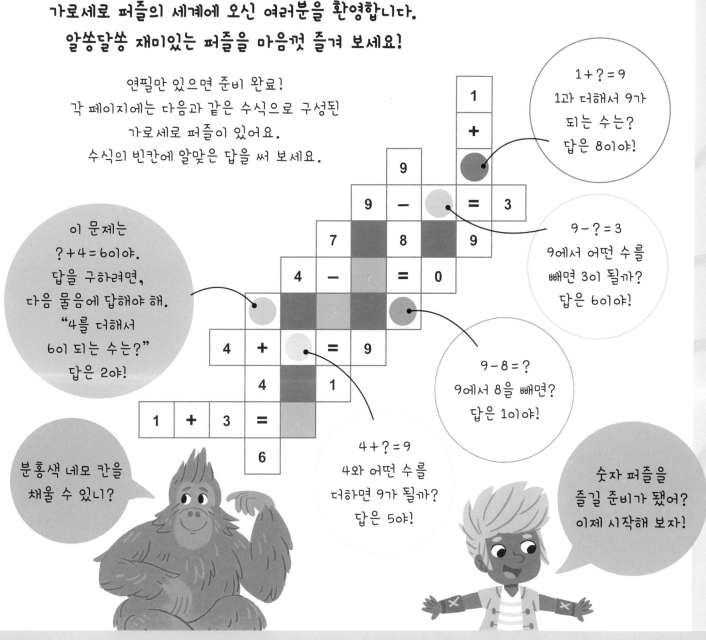

1 + ? = 9
1과 더해서 9가
되는 수는?
답은 8이야!

9 - ? = 3
9에서 어떤 수를
빼면 3이 될까?
답은 6이야!

이 문제는
? + 4 = 6이야.
답을 구하려면,
다음 물음에 답해야 해.
"4를 더해서
6이 되는 수는?"
답은 2야!

9 - 8 = ?
9에서 8을 빼면?
답은 1이야!

4 + ? = 9
4와 어떤 수를
더하면 9가 될까?
답은 5야!

분홍색 네모 칸을
채울 수 있니?

숫자 퍼즐을
즐길 준비가 됐어?
이제 시작해 보자!

일러두기

- 퍼즐 속 문제는 점차 어려워지므로 첫 페이지부터 차례로 풀어 보는 게 좋아요.
- 실수하거나 틀리면 지우고 다시 답을 써야 하기 때문에, 연필로 문제를 푸는 것이 좋아요.
- 두 자리 수는 1칸에 숫자 하나씩, 2칸으로 나뉘어 적혀 있어요.
- 87~96쪽에는 정답이 있어요. 퍼즐을 다 풀고 나서 답을 확인해 보세요.

봄나들이

			+	
			8	
	1	+	7	=
1			+	9
1	+	3	=	
			=	
			5	

1 =

+ 0 = 1

1   0

=

1 + [ ] = 3

+

1 + 6 = [ ]

6

그거 알아? 봄이 되면 암컷 개구리는 약 4천 개의 알을 낳아.

하늘 여행

				2			
			5	+		=	7
			2		7		
			+	6	=	8	
		2					
		+	2	=	4		
		1		7			
	+	0	=	2			
	+						
	2		8				
2	+	3	=				
			1				
	=		0				
	6						

원숭이의 숲

3

3 + 2 =

1

3 + = 1 0

+ +

3

= +

3 + 3 = = 3

6 + = 9

+ 4

+ 5 = 8

=

9

그거 알아? 세계에서 가장 작은 원숭이는 사람 손 정도의 크기라고 해.

바다 탐험

				5
				+
				4
			4	=
	4	+	5	=

		+	3	=	7
		+		8	
4	+		=	1	0
+				=	
1			4	+	2	=
3	+		=	7	
	4				
	=				
	4				

귀여운 동물 친구들

3 + □ = 8
5 □ 5
5 + 4 = □
5
5 + 2 = □
5 □ 5 □ 8
□ + 0 = 5
1
= 0
4 =
1 + □ = 6
5
=
□

그거 알아? 개는 후각이 무척 뛰어나. 축축하게 젖은 코로 냄새를 구분할 수 있어.

고마운 동물들

```
                    2
                1 + 6 =
                6       6
              6 +     = 9
            4
            + 1 = 7
            6       8
            =
    6 +     = 1 0
    +
    0
    =       +
0 +     = 6
            =
            9
```

부릉부릉 탈것

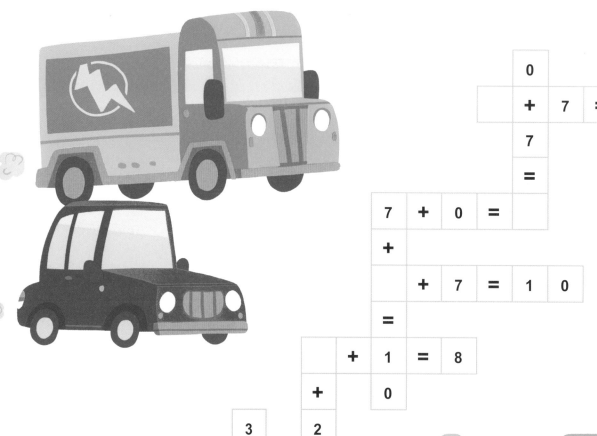

```
                          0
                          +   7   =   8
                          7
                          =
      7   +   0   =
      +
              +   7   =   1   0
      =
              +   1   =   8
              +   0
      3           2
  2   +       =   9
      4           9
  +   3   =   7
```

그거 알아? 자동차 1대에 들어가는 부품의 수는 평균 3만 개 정도라고 해.

척척 로봇

	+				0	+	8	=	
	2							=	
2	+		=	1	0		+	0	=	9
	1				+			
1	0	+		=	1	0		
					=			
	8				1			
1	+		=	1	0			
	0							
	+	1	=	9				

신나는 겨울

그거 알아? 어떤 나라의 겨울은 너무 어두워. 하루에 겨우 3시간만 해가 뜨는 날도 있대.

무더운 여름

		0			
	0	+		=	6
	0		4		
	+	3	=	3	
0					
+	0	=	0		
1		2			

0	+	5	=	
	+			

0			
+	8	=	8
9		7	
=			

우리는 가족

그거 알아? 펭귄은 수천만 마리가 함께 무리지어 살아.

풍덩 물놀이

사이좋은 친구들

그거 알아? 세계에는 264종의 원숭이가 있다고 해.

바닷속 친구들

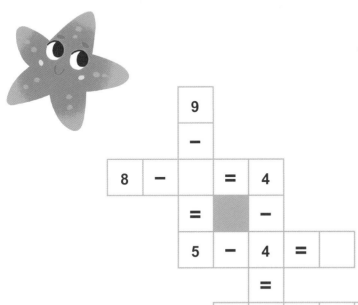

```
        9
        –
8   –       =   4
        =   ■   –
        5   –   4   =
                =
            –   4   =   6
                        –
            7   –   4   =
            –   ■   =
4   –       =   0
            3
```

오늘도 힘내!

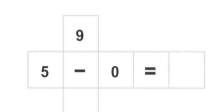

		9		
	5	−	0	=

| | − | 3 | = | 2 |
| | − | | 4 | |

그거 알아? 어미 새는 아기 새에게 약 1만 개의 애벌레를 먹이로 가져다준대.

동물의 숲

$$8 - \boxed{} = 1 \qquad -$$

$$0 \qquad 6$$

$$1 \; 0 - 7 = \boxed{}$$

$$0$$

$$\boxed{} - 6 = 1$$

$$- \qquad 4$$

$$7$$

$$9 - 7 = \boxed{}$$

$$9 \quad 0 \quad 0$$

$$8 - \boxed{} = 2$$

$$7$$

$$=$$

$$3$$

곤충의 세계

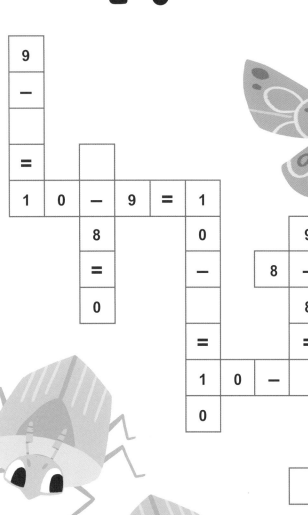

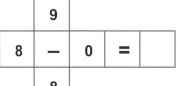

9												
–												
=												
1	0	–	9	=	1							
		8			0			9				
		=			–		8	–	0	=		
		0						8				
					=			=			1	
					1	0	–			=	0	
					0						–	
											8	
									–	9	=	0

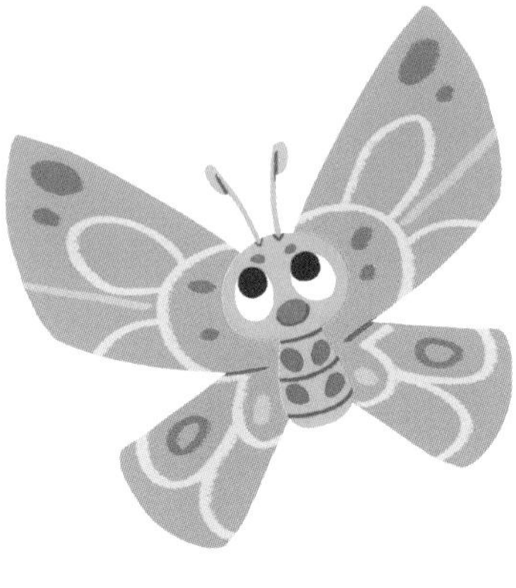
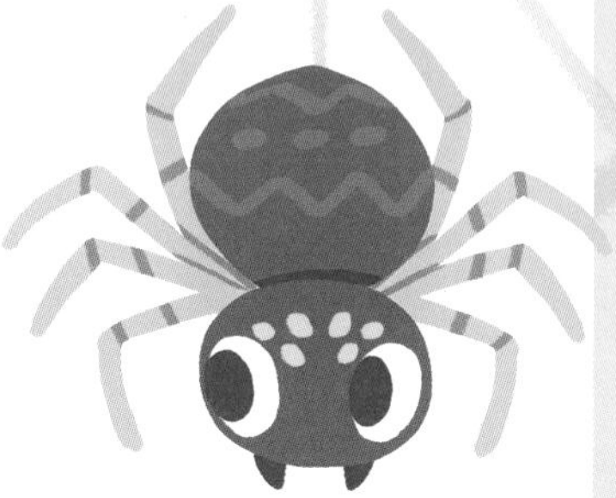
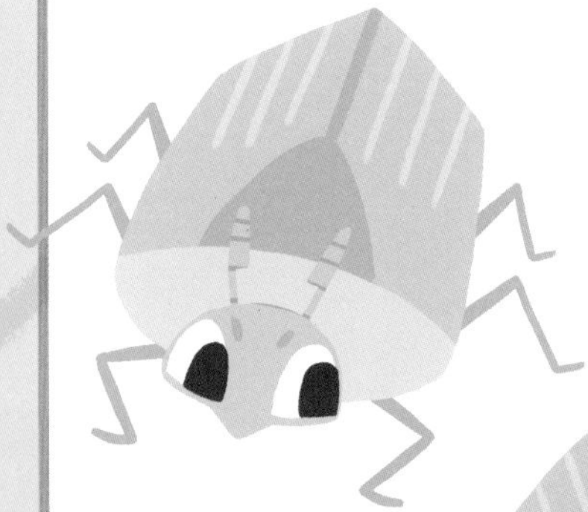
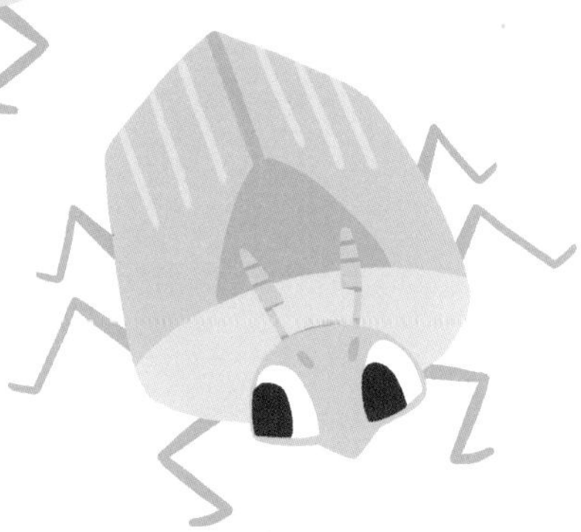
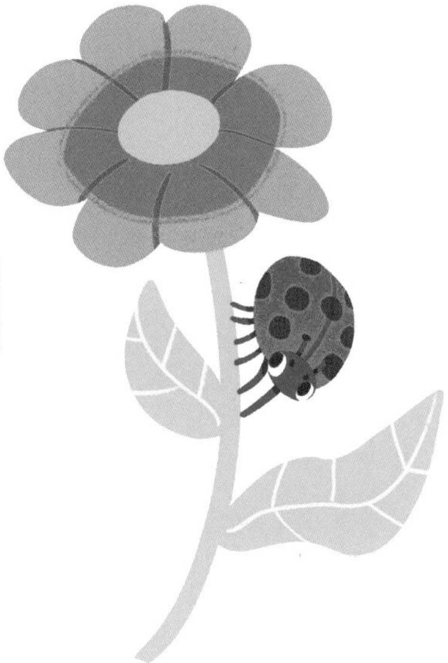

그거 알아? 많은 거미들이 매일 거미줄을 새로 친다고 해.

뾰족뾰족 고슴도치

밀림의 동물들

				−		
		7		0		
		−	0	=	8	
	5		0		9	
	−	0	=	6		
	1		0			
3	−	0	=		5	
	2					
	−	−	=			
1	0	−	=	1	0	
	=	=				
	4	2				

그거 알아? 기린은 성인 키의 3배 정도로 자란대.

북극 바다

위에서부터 세로: 9 − =

7
− 8 = 0

5
− 6 = 0

1 · 5 · 0

4 − 4 =

2
− 1 0 = 0

2 · 0

3 − = 0

그거 알아? 일각고래의 뿔은 사실 이빨이야.

캐나다의 동물들

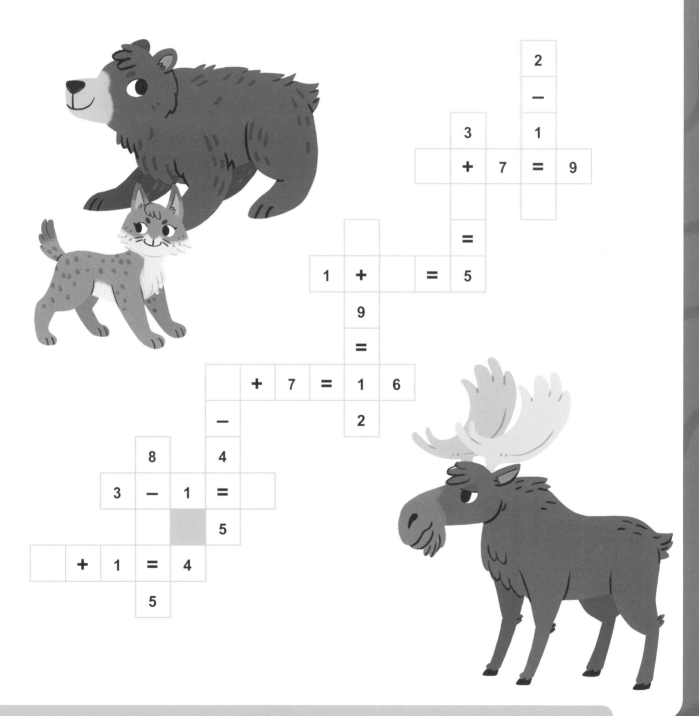

그거 알아? 무스의 뿔은 사람이 누울 수 있을 만큼 넓게 자란대.

여유로운 판다 가족

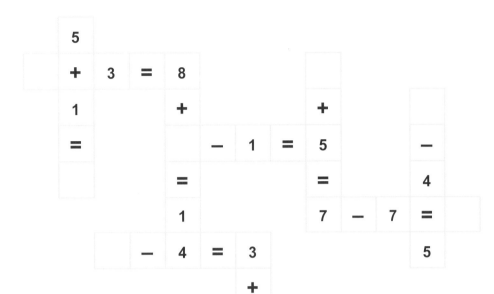

5										
+	3	=	8							
1			+				+			
=				−	1	=	5			−
				=			=			4
				1		7	−	7		=
		−	4	=	3					5
					+					
		1	+		=	5				
					8					

쥐라기 공원

그거 알아? 스테고사우루스의 등에는 17개의 뼈가 돋아나 있어.

어두운 밤이 좋아

		8	−	6	=		
				−			
			1				
			+	3	=	6	
			9		4		
5		2	−		=	0	
−			1				
	4	+	6	=			
=		2		3			
4	+	5	=				
		9					

그거 알아? 작은관박쥐는 밤이 되면 3천 개의 벌레를 잡아 먹을 수 있어.

땅속이 좋아

그거 알아? 굴올빼미는 땅속에 둥지를 짓고, 낮 동안 사냥을 해.

정글의 하루

바닷가에서

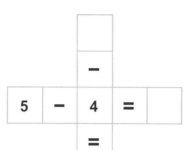

```
              ─
        5  ─  4  =  □

              =
              5  ─  □  =  4
                        +
  4           
  +     +
        +           □
  =     9     2  +  □  =  8
  7 ─ 6 = □         7     6
        1           =
        8 + □ = 1 4
                    4
```

그거 알아? 세계에는 50종이 넘는 갈매기가 있는데, 모두 바다에 사는 건 아니래.

강둑이 좋아

그거 알아? 어미 물총새는 매일 약 120마리의 물고기를 잡아서 새끼에게 가져다줘.

마다가스카르의 정글

$9 - 1 =$ 　

5 　 −

　 +　 　 5 − 2 = 　

　 8 　 6 　 =

6 + 4 = 　 　 3

　 3 　 +

　 = 　 − 3 = 　

　 =

7 − 　 = 　 　 4

+ 2 =

그거 알아? 마다가스카르에 사는 많은 동물들은 다른 지역에서는 살 수 없어.

사막의 하루

		−	5	=	1	
				+		
	−		8			
3	+	=	5	5	+	=	1	0
	=		6		1	
	3	+		=	1	2

6 − 2 = _

+

6

6 + 1 = _

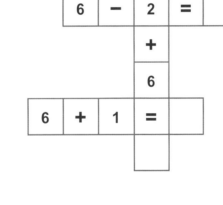

윙윙 꿀벌

```
6
+
=      9    7
1  0  +  +  +  8
3           =  2  0
   8        =
   +  6  =  1  1
            9
2        =
+        1  +     =  3
   +  4  =  7
=
   +  5  =  9
```

그거 알아? 꿀벌은 1초에 약 200번이나 날개짓을 해.

반가워서 멍멍

										6
				7			+			+
				+			5			
				7			=			=
				=	8		1			1
			+	1	0	=		2	0	
					=					
		9	+	=	1	8				
		3	1		6					
	2	+	2	=						
		3	2							
+	4	=	8							

영화와 간식

Horizontal:
- [ ] + 1 = 4
- 1 5 − 6 = [ ]
- 1 3 + [ ] = 2 1
- [ ] + 4 = 2 0
- [ ] + 1 3 = 3 2
- 1 2 − [ ] = 6

Vertical (left column, top to bottom): + 1 5 = 1 6
Vertical: 4 − [ ] = ... 7 −
Vertical right: 1 4 − ... =
Vertical: 2
Vertical (lower): [ ] 1 6 = 1 7

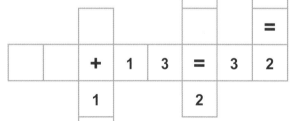

그거 알아? 디즈니 영화 라푼젤은 지금까지 만들어진 애니메이션 중에 가장 많은 제작비가 들었어.

케이크 만들기

$11 + 15 =$ ☐ ☐

3
8

$+$ $=$

1

1 4

0 $=$

☐ $+ 1 2 = 2 3$

6

☐ $+ 4 = 1 8$

2 $-$

$19 +$ ☐ $= 2 7$ 8

1 $=$

$-$

$6 - 4 =$ ☐

6

엉망진창 부엌

$2 + \quad = 3$

9

$=$

$2\ 1 - \quad = 5$

3

1

$+$

$1\ 4 - 1\ 3 =$

$3 \qquad 4$

$\quad - 1\ 1 = 0 \qquad + \qquad +$

$2 \qquad \qquad 6$

$- \qquad = \qquad =$

$+ 1\ 9 = 2\ 1$

$= \qquad 5 \qquad 4$

7

그거 알아? 잉글랜드의 엘리자베스 1세 여왕은 손님들에게 진저브레드를 선물하곤 했대.

놀이동산에서

1	5	−			=	4

3

−

1	7	−	1	3	=	

3

1	2	+	1	9	=		

7

+

9

	+	1	4	=	2	2

1		3

9		6

1	9	−		=	8

+

8

=

즐거운 섬 생활

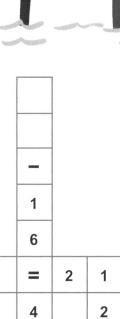

8

1 7 + = 2 5

=

2   2

1 3 + = 2 1

1   3   −

−   +   1

    − 9 = 5   1 7 + = 2 1   6

=   8   1   4   2

=   5   −

  =   6

  1   =

  9

그거 알아? 어떤 나라에서는 홍수 피해를 막기 위해 기둥 위에 집을 짓기도 해.

관찰해 볼까?

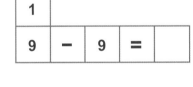

```
              □   □   +   5   =   1   5
              □
              +
      □   +   1   7   =   2   5
              2
1   9   -   □   =   6                   □
9             2                         +
+       1   2   +   □   =   1   3
5       8                   0
=       -       +           =
□       7       1
=       =       =   9   -   9   =   □
        1       2
        4       5
```

외계인 친구

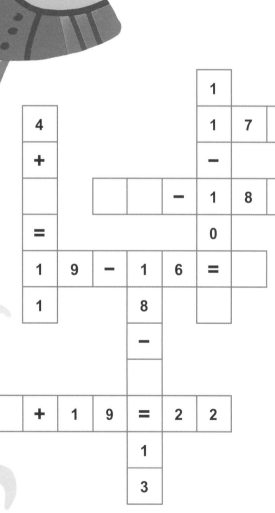

		3		
7	−		=	2

		1			
1	7	+		=	2 2

4			1	
+			−	
		−	1 8	=	2
=			0	
1 9	−	1 6	=	
1		8		
		−		

	+	1 9	=	2 2
		1		
		3		

그거 알아? 우주선이 토성에 가려면 약 3년이 걸려.

칙칙폭폭 기차

C1	C2	C3	C4	C5	C6	C7	C8	C9	C10	C11	C12
						□					
						+					
				□	−	1	=	1			
			6	■		5					
		7	+	1	5	=	□				
						1					
6	−	□	=	1		9	+	□	=	1	2
	3		1							4	
	=		2	+	9	=	□			−	
	4									7	
						□	−	3	=	2	
										□	

거대한 나무

−				4	
5				−	
=					
1	7	−		=	4
	+			1	

	+	1	0	=	1	8
	2				

1	9	+		=	2	4
5					
8	+	1	2	=		0

1	2	−	1	0	=	
	2					
	3	+	1	8	=		

그거 알아? 세계에서 가장 오래된 나무의 나이는 약 5천 살로 추정하고 있어.

화석 채굴

가로·세로 계산 퍼즐 (□는 빈칸):

가로:
- □ + 1 8 = 2 6
- 1 8 − □ = 1 1
- 1 7 + □ = 3 0
- 6 + 1 0 = □

세로:
- □ + 1 0 = 1
- □ − 2 = 1 4
- 7 + □ = …
- □ − 5 = 1
- □ = 3

그거 알아? 가장 오래된 공룡 화석의 나이는 약 2억3천만 년이나 된대.

채소를 먹어요

그거 알아? 오직 5퍼센트 정도의 완두콩이 신선한 상태로 판매되고, 나머지는 다 냉동된다고 해.

새콤달콤 과일

5	+		=	1	2

6

7	−	7	=	

1	3	+		=	1	6

8
+

+
1

=
7

1
=

1	5	+	1	1	=

| − | 1 | = | 4 |

4
−
6
=

+
8
=

이탈리아 여행

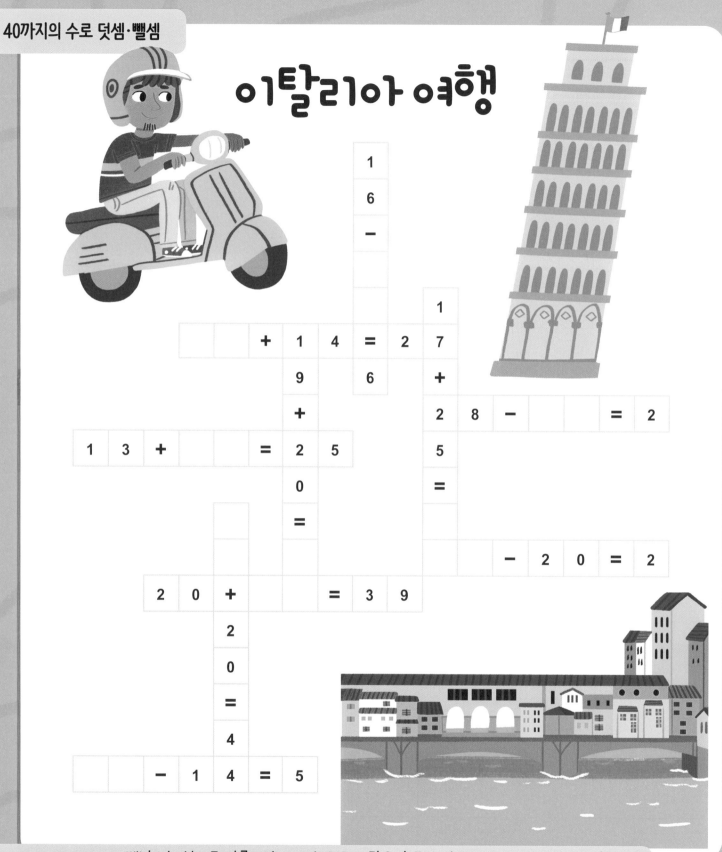

그거 알아? 베니스는 섬으로 이루어진 도시야. 곳곳에 많은 수로가 있고, 그 위에 4o3개의 다리가 놓여 있어.

영국 여행

		−	1	2	=	5			
2			0						
7			+						
−			1						
2	3	+	1	8	=				
6				=					
=				+	2	2	=	4	4
					1				
			+	1	2	=	2	3	
				2	2				
				5	+				
				=	2	7	−		=	4
					7				
					=				
					−	1	8	=	6

미국 여행

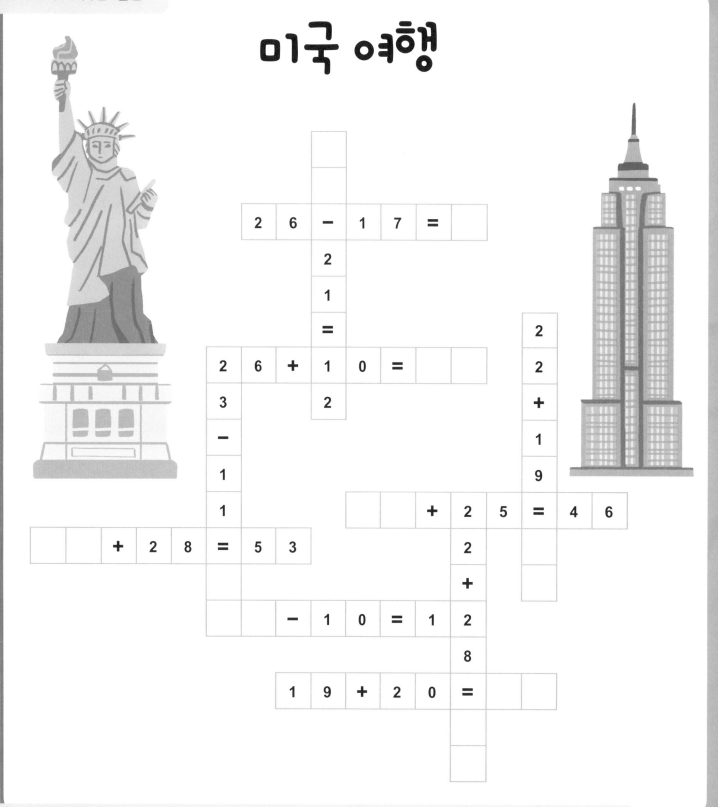

$26 - 17 =$ □

$26 + 10 =$ □

□ $+ 25 = 46$

□ $+ 28 = 53$

□ $- 10 = 12$

$19 + 20 =$ □

그거 알아? 자유의 여신상은 원래 붉은 구리색이었는데, 산화되면서 지금과 같은 푸른색이 되었어.

프랑스 여행

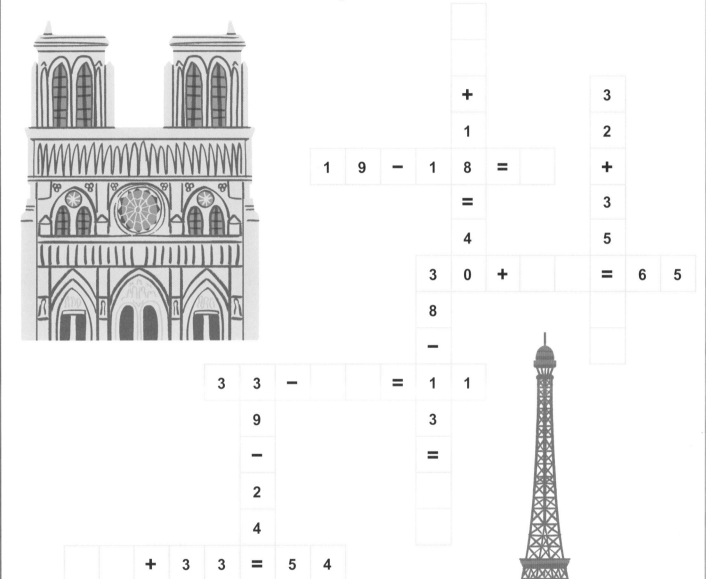

즐거운 캠핑

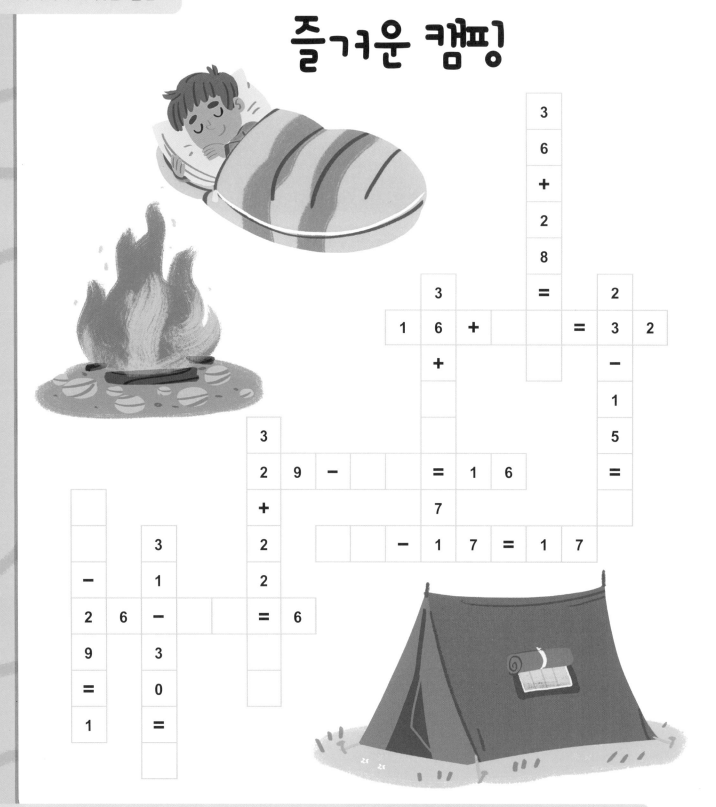

그거 알아? 사람들은 약 100만 년 전부터 불을 이용해서 음식을 만들기 시작했어.

무지개가 떴어요

						1	
						7	−
						−	3
							7
							=
			+	2	9	=	4	0
	3		3				4
	8		+			
	+		3			
	3		2		=	
3		3	6	+		=	6	4
				−			8
+			2			
1			−	2	7	=	4
5			=			
=						
3	3	−	2	1	=	
7						

스포츠를 즐겨요

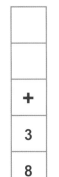

```
                              +
                              3
                              8        3
            2  1  +     =  4  6
                              8        5        -
                              +        0
                              2
                              4                 =

 [ ]        4  9  -  3  0  =  [ ][ ]   1  3  +  1  1  =  [ ][ ]
 +                            1        9
 3  3  +  3  9  =  [ ]        -
 6              5             2
 =              -             3
 7                            =
 3
                =
                2
```

그거 알아? 1960년 로마 패럴림픽에서 처음으로 휠체어 농구 경기가 열렸어.

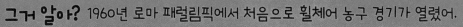

육상 경기

						4	1	−	2	2	=		
						7							
						+							
	3												
2	6					=							
4	4	+		=	5	6							
+	2					6							
	1		+				3			+			
	=		3				7			4			
=	5		5				−			4			
6			=							=			
8	6		6							8			
			0	−	1	9	=	1		1			
							2						
			−	2	6	=	2	3					

그거 알아? 높이뛰기 선수들은 사람 키보다 더 높게 위치한 막대도 뛰어넘을 수 있어.

설원에서 놀아요

27 − ☐ = 2

7

☐ + 40 = 87

37 + ☐ = 75

0   4   −

+   8   2

4   4

4   =

0 ☐ + 31 = 70

+   =

24 + 23 = ☐

8

=

2

그거 알아? 세계에서 가장 큰 규모로 열린 눈싸움에는 약 7천 명의 사람들이 참가했어.

생일 축하해!

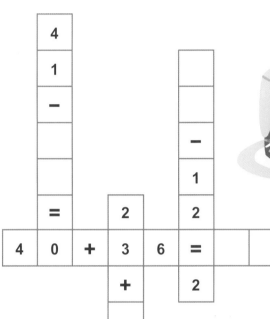

```
4
1
−
        −
=   2   1
4 0 + 3 6 = [ ][ ]
    +   2        2 4 − 2 1 = [ ]
                 9            =
    =   2        +            2
    4            2
    3 7 + 2 7 = [ ][ ]   7
            6            =
            =
    4 1 + 3 7 = [ ][ ]
            2
```

오른쪽 세로: −, 3

카우보이

						4						
		3	8	−	3	0	=					
							−					2
		2	1	+			=	6	6			
							3					+
		2	3	+			=	5	3			
		9		+								
	4	8	+	3	1	=						=
4		4	0									7
4	9	+	1	5	=							2
−		=		3								
			3									
=												
7												

그거 알아? 카우보이가 몰고 다니는 소떼는 많게는 3천 마리 정도였어.

보물을 찾아라!

그거 알아? 칭 씨(Ching Shih)라는 유명한 해적은 1,800척의 배와 8만여 명의 선원을 거느렸어.

파라오의 비밀

가로·세로 계산 퍼즐:

- $2\ 6\ -\ \square\ =\ 1\ 3$
- $4\ 0\ +\ 1\ 9\ =\ \square\ \square$
- $\square\ -\ 1\ 4\ =\ 2\ 0$
- $3\ 6\ -\ \square\ =\ 1\ 8$

세로 칸 숫자:

- $7\ -\ 1\ 5\ =$
- $1\ 8\ -\ 6\ 1\ =$
- $+\ 4\ 7\ =$
- $+\ 1\ 5\ =$
- $2\ 3$
- $+\ 4\ 1\ =\ 5\ 8$

그거 알아? 투탕카멘 왕이 권력을 잡았을 때, 그는 겨우 9살이었어.

로마인의 이야기

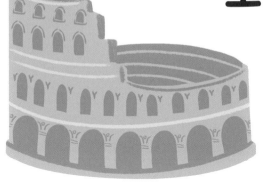

$\square\ \square\ +\ 4\ 4\ =\ 6\ 6$

3
$+$

$3\ 5\ +\ 3\ 3\ =\ \square$

6 $=$
$+$ 6

$4\ 9\ -\ \square\ =\ 8$

$\square$
$-$

$4\ 2\ +\ 4\ 1\ =\ \square$

$6\quad\quad 8$
$=\quad\quad -$
$\quad\quad\quad 5$

$4\ 2\ -\ \square\ =\ 1\ 9$

1

$=$

$3\ 9\ +\ 2\ 0\ =\ \square$

7

동굴 안에서

						−									
						1									
				+		0		4	4	+			=	7	9
				4		=		0							
				4		2	1	+	4	1	=				
				=		0		1							
				8				6							
	4		4	9	+	4	7	=							
	7					2									
	+					+									
						4									
					−	1	1	=	3	7					
	=					=									
3	6	+	4	9	=										
	9														

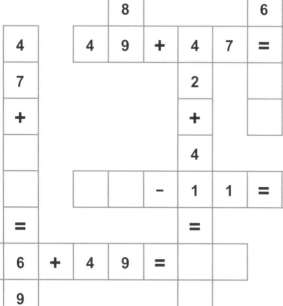

그거 알아? 가장 오래된 동굴 벽화는 약 4만 년 전에 그려진 거래.

펑펑! 불꽃놀이

$$4$$
$$0$$
$$+$$
$$3$$
$$2 \quad 30 + \boxed{}\boxed{} = 41$$
$$\boxed{}\boxed{} + 48 = 73$$
$$-$$

$$3 \qquad 7$$
$$6 \qquad +$$
$$- \quad \boxed{} \quad - \ 27 = 21$$
$$3 \quad + \ \blacksquare \ 5$$
$$26 + 29 = \boxed{}$$
$$= \qquad 6 \qquad 7$$
$$\boxed{} \qquad = \qquad 2$$
$$5$$
$$46 - \boxed{}\boxed{} = 7$$

헬러윈 분장

그거 알아? 호박은 사실 과일이야. 그리고 호박의 모든 부분을 다 먹을 수 있어.

상상 속 나라

$$20 + 30 = \boxed{}$$

(vertical) 5 + 5 =

$$\boxed{} + 20 = 90$$

$$\boxed{} + 10 = 110$$

(vertical) 8 + ... =

$$\boxed{} + 20 = 30$$

$$\boxed{} + 10 = 70$$

$$90 + 10 = \boxed{}$$

마녀의 하루

$100 - \square\square = 6\,0$

$100 - \square\square = 9\,0$

$3\,0 \;\square\; = 8$

$100 - \square\square = 3\,0$

$100 - \square\square = 2\,0$

(세로 식)
$1\,0\,0 - \dots$
$-\,5$
$=\,5\,0$
$1\,0\,0\,-$
$=\,1\,0$
$-\,9$
$=\,1\,0$
$1\,0$
$-$
$=\,4$

그거 알아? 고양이는 낮잠을 좋아해. 새벽과 해 질 녘에 가장 활동적이지.

용감한 기사

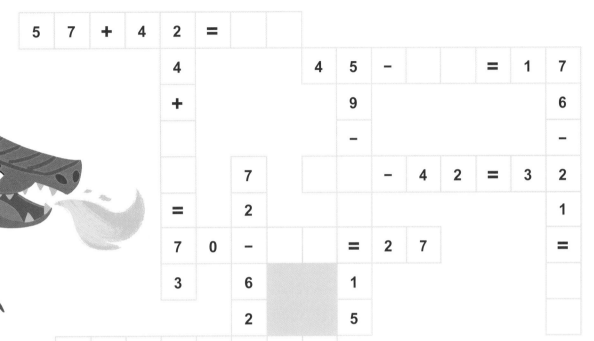

5	7	+	4	2	=								
				4			4	5	−		=	1	7
				+				9					6
								−					−
						7		−	4	2	=	3	2
				=		2							1
				7	0	−		=	2	7			=
				3		6		1					
						2		5					
				+	4	0	=	5	0				
				2									
				+									
				=									
				9									
				9									

빙하기의 동물들

그거 알아? 맘모스는 지금의 코끼리와 크기가 비슷했어.

여러 가지 모자

										□				
										□				
					□		7	2	−	5	6	=	□	□
					+						3			
											3	8		
					4	3	+	□	=	7	7			
					4						2	−		
					=						7	7		
					1							7		
					3							=		
		9	8	+	9	9	=	□	□	□	□			
			6									□		
			+				□							
							□							
□	□	−	8	5	=	2	−							
			1				7							
			5				7							
			4	1	−	□	=	1	4					
							8							

어떤 일을 해요?

								4									
								1									
								−									
								□									
								=									
							6	8	+	6	7	=	□	□			
							6			3							
							4	□	+	4	9	=	1	1	9		
	−							+		4							
	2	6						4		6							
	6	6				7	3	+	□	=	1	3	8				
	=	−						=									
5	4	−	4	3	=	□					□	+	7	9	=	9	9
	2	0															
		=															
		□															

그거 알아? 어른의 치아는 32개야. 어린이는 20개, 고양이는 30개, 개는 42개라고 해.

작물을 길러요

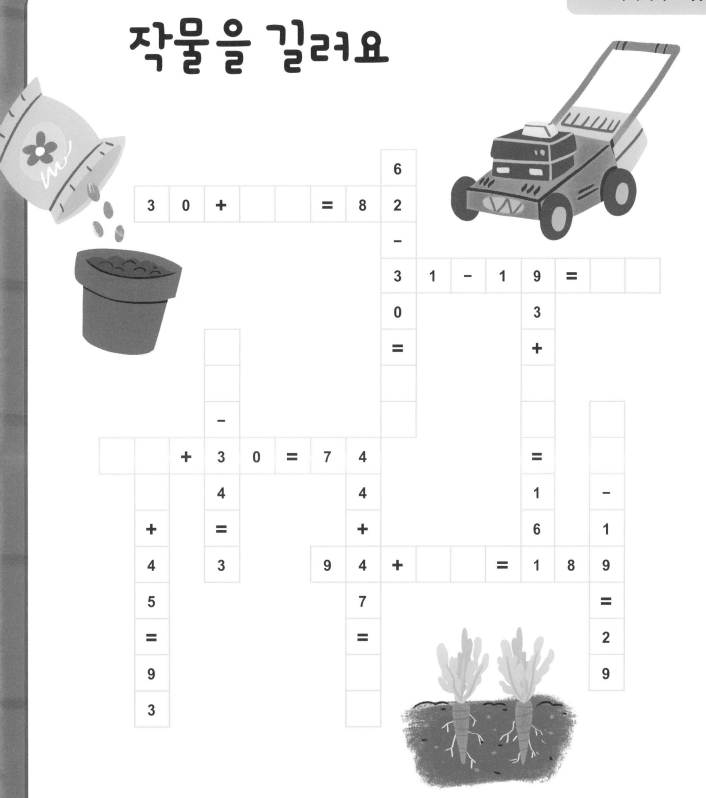

서커스에서

7	4	-	2	7	=		
			+				
6			3				
9			9				
	+	7	1	=	1	0	4

		-	8	3	=	1	3

=
	+	5	6	=	1	0	4
	0		1		4
	-		9		+
					4
7	5	-		=	5	6
	=				=
	2				
	3				

8
-
=
1
3

그거 알아? 이탈리아의 곡예사 엔리코 라스텔리(Enrico Rastelli)는 10개의 공으로 저글링을 할 수 있었어.

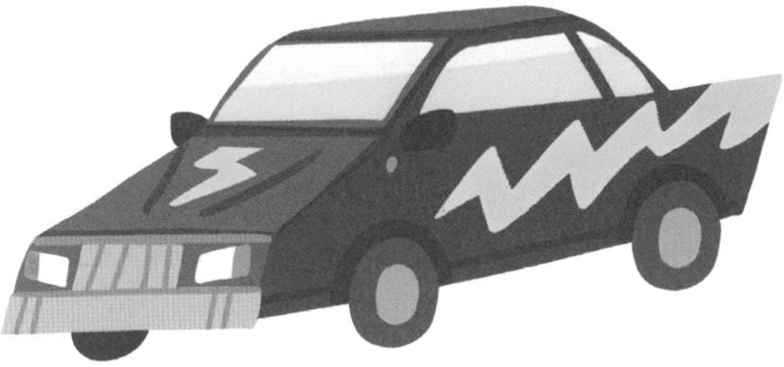

신나는 레이싱

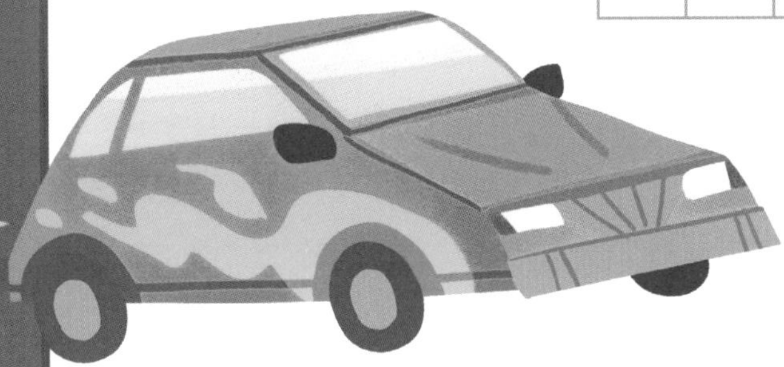

											6						
					6	7	−			=	8						
											−						
											5	8	−	5	6	=	
											0						
											=						
				5	2	−	4	1	=								
				9													
		6	1	+	7	6	=										
		9															
4	9	+			=	1	1	6		−							
		3		=				0		3							
		8		1				−		3							
		=		2				2		=							
				6				1		3							
								=		8							

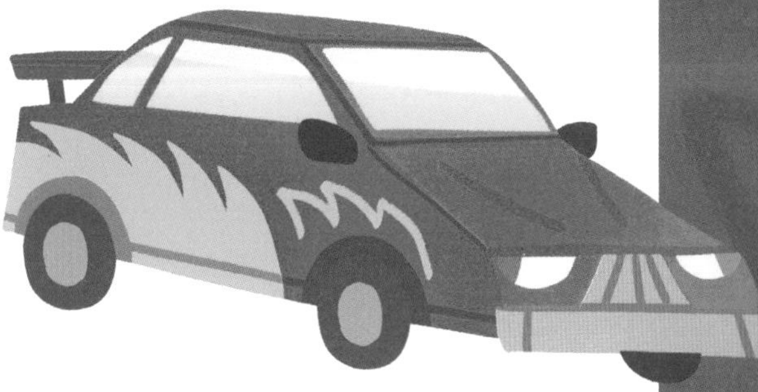

그거 알아? 1923년부터 개최된 르망 자동차 레이싱은 경기가 시작되면 24시간이나 진행된대.

씽씽 달려요

그거 알아? 자전거는 '2개의 바퀴(bicycle)'라는 뜻이야. 물론 바퀴가 1개이거나 3개인 자전거도 있어.

재미있는 서핑

															7
															9
-															-
8						5	2	+	6	8	=				
3										8					
=			7							+					=
8	6	-	6	4	=					5					=
			+						7	3	-	☐	=	4	5
			6				4			=					2
			4	0	+	7	1	=							
			=				+								
							7								
							3								
							=								
9	7	+	7	4	=										

달리고, 점프하고, 던지고!

				−											
				3											
				4	5		7	0	+	4	6	=			
4	8	+		=	1	0	5				9				
				5		+					+				5
				8					+	7	4	=	1	4	3
											8				+
					=						=				
					1		6								
					6	2	+	5	4	=					=
					7			−							1
								4							1
								6							1
						+	6	0	=	8	1				

그거 알아? 2009년, 우사인 볼트(Usain Bolt)는 9.58초로 100m 달리기 세계 신기록을 세웠어.

산타 할아버지

								2				6
		▢	▢	−	3	4	=	3		6		7
								+				−
								▢			9	
											2	=
								=			−	3
							4	7			5	
					▢	+	4	9	=	1	2	6
								+			=	
						9		5				
▢	▢	+	5	9	=	9	4	9				
						−		=				
						▢						
			6	8	+	5	8	=				
				1								
			5	9	−	5	3	=	▢			

오케스트라

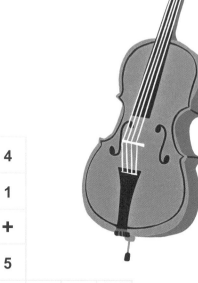

A	B	C	D	E	F	G	H	I	J	K	L
		7	5	−		=	1	4			
			2					1			
			−					+			
			4					5			
			4	7	9	−	4	5	=		
−			=					=			
5					3						
0				4	0	+		=	1	1	6
=						+					
2											
5	9	+	4	8	=						
					=						
		+	7	2	=	1	0	4			
					0						
9	0	−		=	7	0					

그거 알아? 오케스트라에서 튜바 연주자는 1명뿐이지만, 바이올린 연주자는 34명이야.

악기 연주

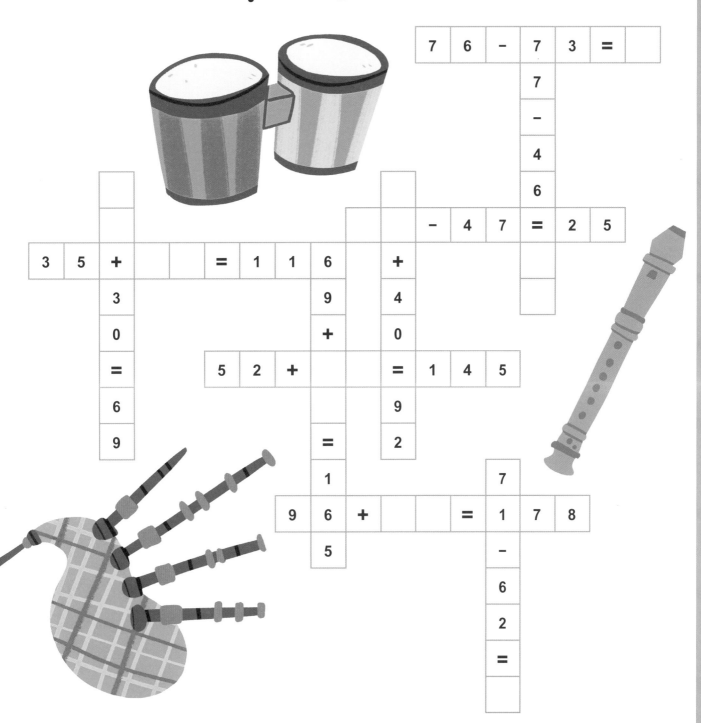

그거 알아? 백파이프는 스코틀랜드의 대표 악기이지만, 다른 나라에도 다양한 백파이프가 있어.

다양한 몬스터

$8\ 9\ -\ 2\ 7\ =\ \square\ \square$

7

$8\ 4\ -\ \square\ =\ 4\ 9$

3

$5\ 2\ \square\ 2\ 3\ =\ \square$

$=$

3

0

$\square\ -\ 4\ 9\ =\ 1\ 6$

$=$

$5\ 1\ +\ \square\ =\ 1\ 4\ 2$

6 ・ 0

$8\ +$ ・ $+$

3

4

$=$ ・ $=$

$\square\ \square\ \square\ 8\ 2\ =\ 1\ 4$

2 ・ 4

5 ・ 5

그거 알아? 오고르(Ogre)는 동화에 자주 등장해. 그들은 힘이 세고 사람과 비슷한 모습을 하고 있어.

요정 친구들

4 1 + 6 4 =

6 4 − 5 2 =

9 3 − ☐ = 6 3

☐ ☐ − 5 9 = 1 0

Column numbers:

4 6 + 4 4 =

7 4 = 1 5

4 1 7 9 =

1 = 1 3

8 + 0 = 8

− 4 0 = 4 1

분주한 물고기들

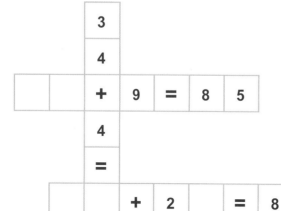

```
        3
        4
[ ][ ]  +   9  =  8  5
        4
        =
[ ]     +   2  [ ]  =  8  5

                    8        +
                    6   2  + 5  =  [ ]
                    -  [ ]     3
                    1  [ ]     =
8  3  -  8  =  [ ]  7   1  -  [ ]  =  6  0
      2 [ ]  +         =
4  2  -  2  6  =  [ ]       [ ]     +  2  5  =  4  3
      8         =
      =
```

그거 알아? 세상에서 가장 빠른 물고기는 돛새치야.

멋진 바이킹

시간을 알려 줘

미술관에서

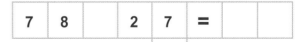

									7	8		2	7	=		
					7								6			
					4								+			
			7	1	−	6	5	=								
											+					
											9		=			
		+	4	3	=	7	3				4		1			
					5						=		3			
					2	9	+			=	1	2	7			
						5					3					
						+				−	4	4	=	9		
						=										
8	0	+			=	1	4	7								
						4										
						8										

그거 알아? 세계에서 가장 오래된 동상은 35,000년 전에 만들어졌어.

공항에서

Vertical (left column): 3, 0, +, 4

48 − 28 =

= ... −

9, 2
3, 8
−, =

6 [ ] + 6 = 1 1 7

9 ... 4 ... +, 7

[ ] 5 3 = 4 ... =, 1

4 6 ... [ ] + 7 3 = 1 4 7

4 4 ... 7 ... 4

=

2, 0, +, ... =, ... 4

그거 알아? 가장 큰 비행기에는 850명 이상의 승객이 탈 수 있어.

정답

4쪽

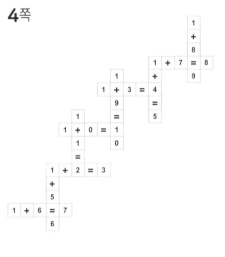

```
                    1
                    +
                    8
            1 + 7 = 8
                    9
        1
    1 + 3 = 4
        9       +
        =       5
    1
1 + 0 = 1
    1           0
    =
    1 + 2 = 3
        +
        5
1 + 6 = 7
        6
```

5쪽

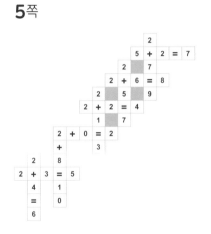

```
                2
            5 + 2 = 7
            2   7
        2 + 6 = 8
        2   5   9
        2 + 2 = 4
        1   7
    2 + 0 = 2
    +       3
    8
2 + 3 = 5
4       1
=       0
6
```

6쪽

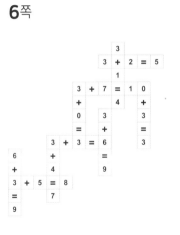

```
                3
            3 + 2 = 5
            1
        3 + 7 = 1 0
        +   4       +
        0   3       3
        =   +       3
6       3 + 3 = 6
+       +       =
4       4       9
3 + 5 = 8
=       7
9
```

7쪽

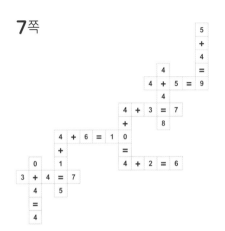

```
                    5
                    +
                    4
                4   =
            4 + 5 = 9
                4
            4 + 3 = 7
                +
    4 + 6 = 1 0
        +   1   =
    0       1   4 + 2 = 6
3 + 4 = 7
    4   5
    =
    4
```

8쪽

```
                0
            3 + 5 = 8
            5   5
            5 + 4 = 9
        5   3   5
        5 + 2 = 7
    5   5   8
    5 + 0 = 5
    1   1   0
    =   0
4   9
1 + 5 = 6
    5
    =
    9
```

9쪽

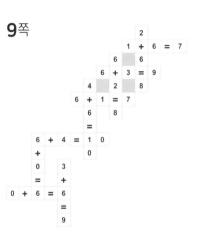

```
                    2
                1 + 6 = 7
            6       6
            6 + 3 = 9
        4   2       8
        6 + 1 = 7
        6
        8
        =
6 + 4 = 1 0
+       0
0       3
=       +
0 + 6 = 6
        =
        9
```

10쪽

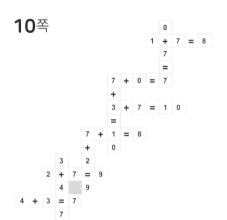

11쪽

12쪽

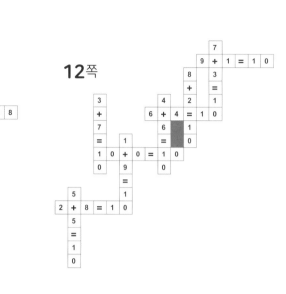

13쪽

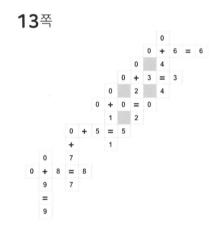

14쪽

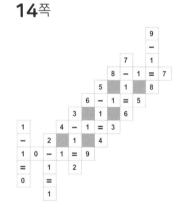

15쪽

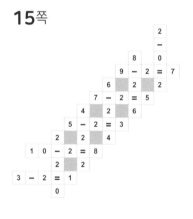

16쪽

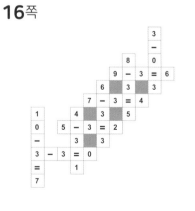

17쪽

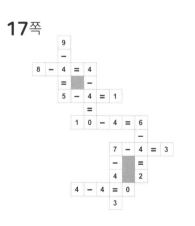

18쪽

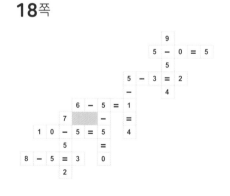

19쪽

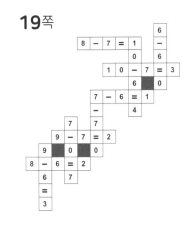

20쪽

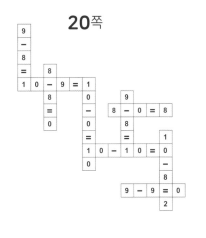

21쪽

22쪽

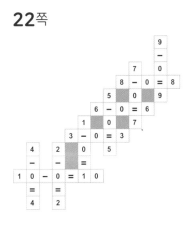

23쪽

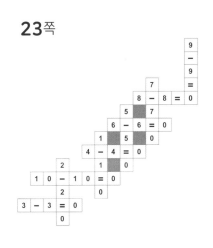

24쪽

25쪽

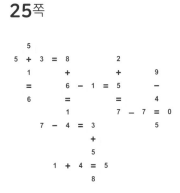

26쪽

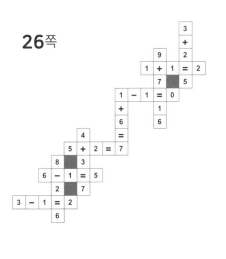

27쪽

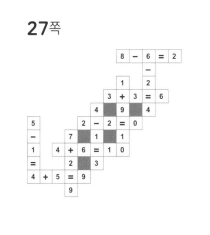

28쪽

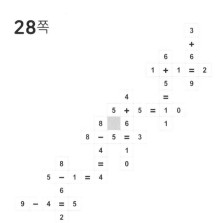

29쪽

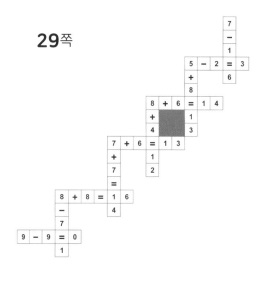

30쪽

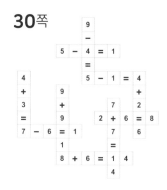

31쪽

32쪽

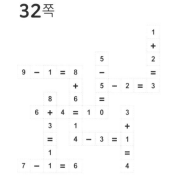

33쪽

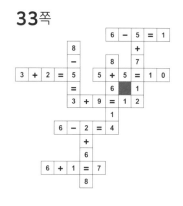

34쪽

35쪽

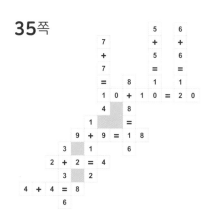

36쪽

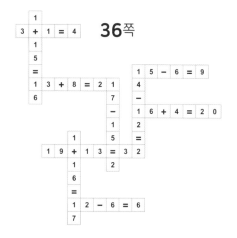

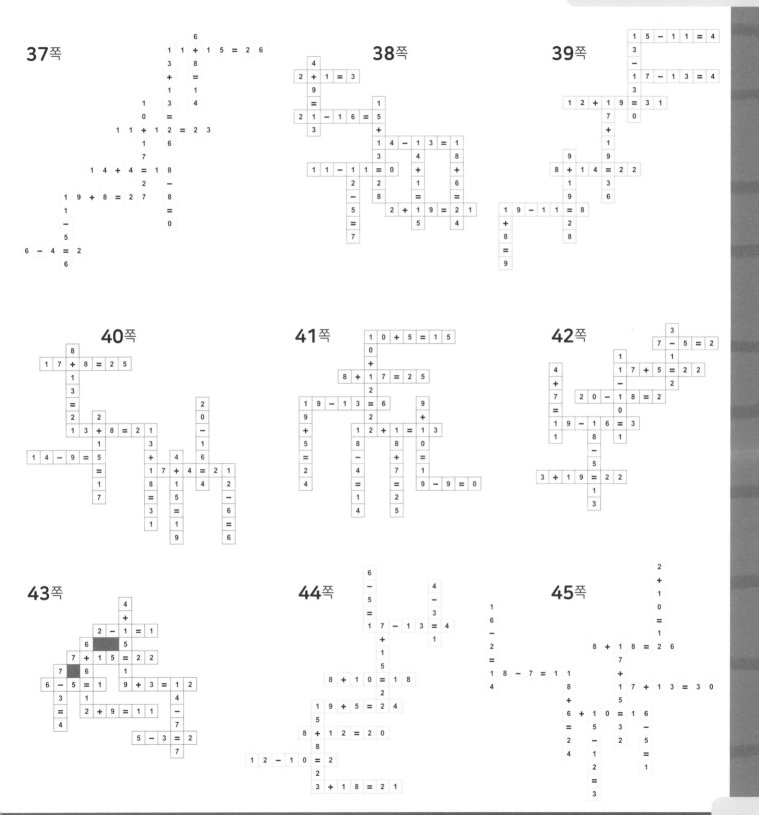

정 답

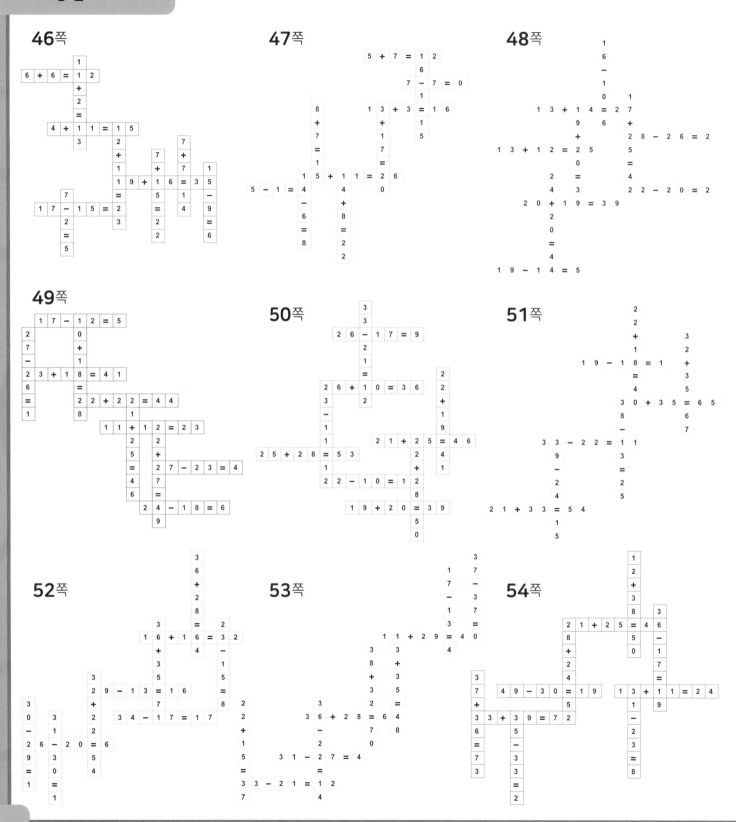

46쪽

47쪽

48쪽

49쪽

50쪽

51쪽

52쪽

53쪽

54쪽

55쪽 **56**쪽 **57**쪽

58쪽 **59**쪽 **60**쪽

61쪽 **62**쪽 **63**쪽

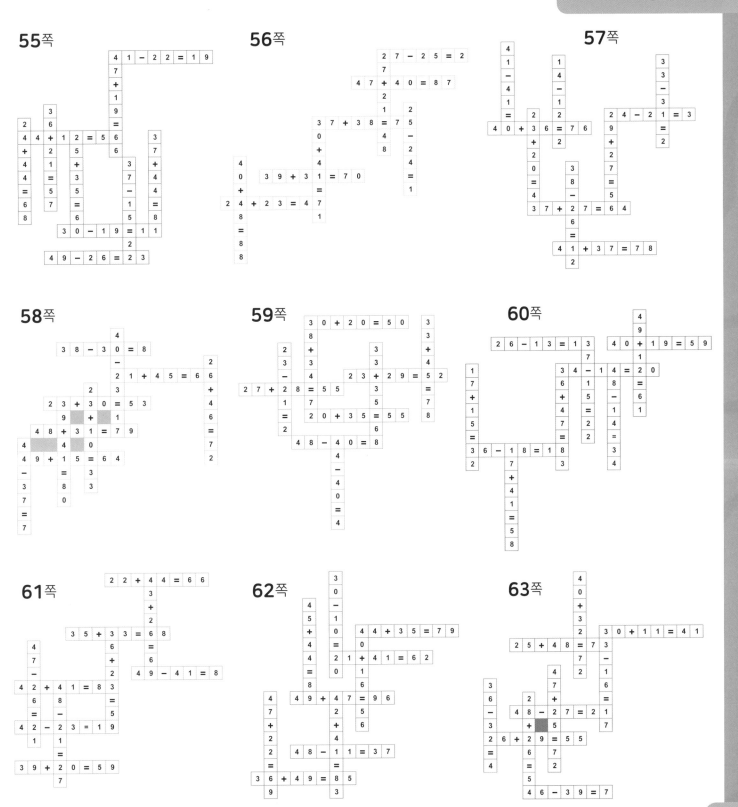

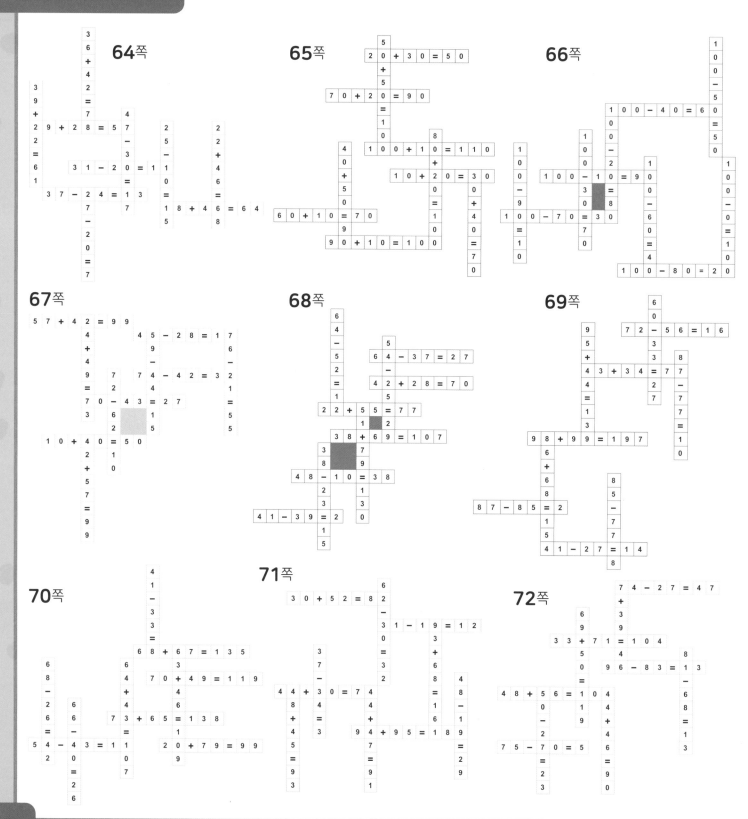

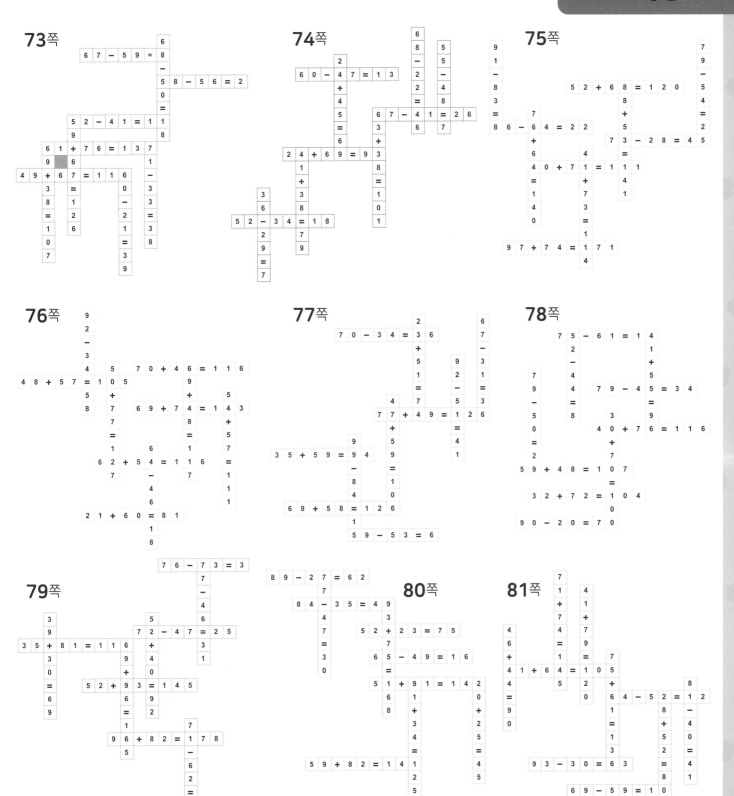

82쪽

```
3
4
7 6 + 9 = 8 5
4
=
6 3 + 2 2 = 8 5
8                    5
8            +
6 2 + 5 = 6 7
-            3
1            =
8 3 - 8 = 7 5    7 1 - 1 1 = 6 0
2          +        =
4 2 - 2 6 = 1 6 9    1 8 + 2 5 = 4 3
8            9
=
7            1
4            3
```

83쪽

```
5                              6
1          1                    2
-          5                    -
1  2  7    +                    7
3  7  =  8 5 - 7 0 = 1 5    9 6 - 8 7 = 9
=  +  6                    +        5
3  6          0                    5
5 8 + 2 4 = 8 2    3 5 + 5 = 4 3    4
=  1                    7
8  0                    +
9                          7
5                          =
                          4
                          4
```

84쪽

```
5
4
-
5 3
3
3 9 + 5 1 = 9 0
+
9 2
5          7 7              +
4          -                9 9
4 8        4                2 0 + 6 3 = 8 3
-          -                =
3          6 8 + 8 1 = 1 4 9    8
2 5 + 6 7 = 9 2            4
=          1
1          7 7 - 4 3 = 3 4
3
```

85쪽

```
7 8 - 2 7 = 5 1
7              6
4          4    +
7 1 - 6 5 = 6    0    6
2          +    1
3 0 + 4 3 = 7 3    9    =
5          4    1
2 9 + 9 8 = 1 2 7    3
5          3
+          5 3 - 4 4 = 9
5
3
=
8 0 + 6 7 = 1 4 7
4
8
```

86쪽

```
3
0
+
4          9
4 8 - 2 8 = 2 0
=          -
7    9    2    6
4    2    8    0    2
-          7    0
6    5 2 + 6 5 = 1 1 7    +
9    9          =    5
5 7 - 5 3 = 4    1    4
4          7 4 + 7 3 = 1 4 7
6
4
=
2
5
```

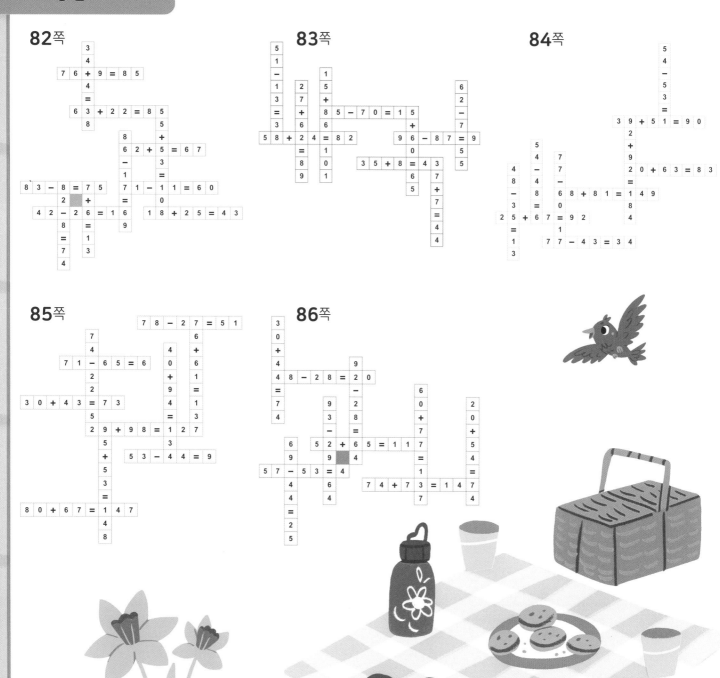